神奇的科学课

迷人的植物

赛文诺亚 主编

北方妇女儿童出版社

·长春·

图书在版编目（ＣＩＰ）数据

迷人的植物 / 赛文诺亚主编. -- 长春 : 北方妇女
儿童出版社, 2023.8
（神奇的科学课）
ISBN 978-7-5585-7052-0

Ⅰ.①迷… Ⅱ.①赛… Ⅲ.①植物—儿童读物 Ⅳ.
①Q94-49

中国版本图书馆CIP数据核字(2022)第211696号

神奇的科学课：迷人的植物
SHENQI DE KEXUEKE MIREN DE ZHIWU

出 版 人　师晓晖
策 划 人　陶　然
责任编辑　左振鑫

开　　本　889mm×1194mm　1/16
印　　张　2
字　　数　50千字

版　　次　2023年8月第1版
印　　次　2023年8月第1次印刷
印　　刷　阳信龙跃印务有限公司

出　　版　北方妇女儿童出版社
发　　行　北方妇女儿童出版社
地　　址　长春市福祉大路5788号
电　　话　总编办：0431-81629600
　　　　　发行科：0431-81629633

定　　价　42.80元

《迷人的植物》一书将植物的结构和生长环境进行了全面、科学的解剖，从而带给你一个神秘、生动、复杂、难以想象的世界。让我们一起来一次奇特的旅行吧！

病菌的朋友 茭白笋

　　茭白笋，是春秋两季一定不能错过的美味，大家都很喜欢吃。可你一定不知道，它竟然是因为茭白感染了一种病菌——黑穗菌，才变成了能吃的蔬菜。

　　茭白和黑穗菌喜欢共生于温度大约在25℃的潮湿环境里，大部分植株在这样温暖、潮湿的环境中都会结笋。茭白结笋需经过一个漫长的过程。

❶　在初期，植株的茎部膨大得还不明显。半个月到一个月以后，植株会长高到45～50厘米。较老的植株颈部开始膨大，叶子被撑开，产生横向的折纹并开始长笋。地下的根和茎会长长。

❷　2～4个月以后，原本稍微膨大的茎部会变得更加肥大。此时掀开叶鞘，会露出一点儿嫩茎，这表明笋已经成熟了，必须立即采收。

❸　地下茎匍匐到附近继续生长，冒出新芽，过几天会渐渐长成另一丛植株，将来也会结笋。

采摘下来的茭白笋

新的植株

◎ 茭白开花

　　茭白的花是什么样的呢？如果你仔细观察，发现植株上有一些小白点，那就是茭白的花。因为茭白最重要的任务是长笋，而不是开花。人们为了避免只开花不长笋的植株消耗太多养分，所以一见只开花不结笋的茭白，就立即拔除。

　　茭白为雌雄同株的异花植物，花序呈圆锥形。

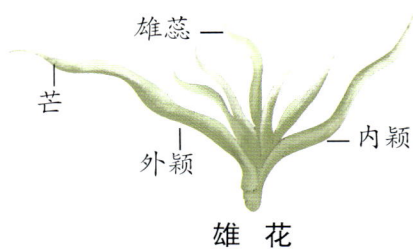

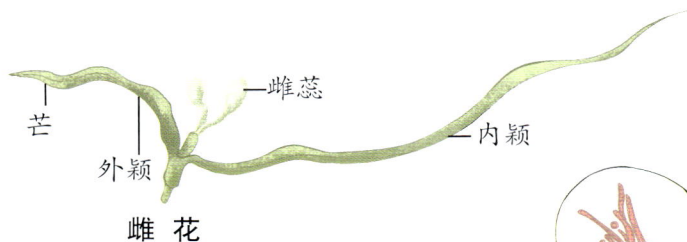

雄蕊 —

芒

外颖 — 内颖

雄 花

—雌蕊

芒

外颖 — 内颖

雌 花

黑穗菌

◎ 茭白笋的品种

　　茭白笋分为3个不同的品种，看它们的样子，还是很容易辨认的：青壳的产量最多，约占80%，浑身翠绿翠绿的；赤壳的身上略带些红褐色，体形稍大，最好吃；白壳的呈乳白色，身材中等，产量非常少，难得一见。

★ 让你惊奇的事实：

　　太让人吃惊了！黑穗菌是一种病菌，它怎么会帮助人类呢？不会是帮了倒忙吧！当然不是。一个偶然的机会，黑穗菌入侵了茭白的茎部，并使其膨大起来。也不知道被哪个胆大的人尝了一下，人们这才发觉受到真菌侵袭的部位竟然这么好吃。于是，人们纷纷开始用这种"感染了病菌"的根部或茎部来繁殖茭白笋，便有了这么好吃的东西。

尽职尽责的
废物处理专家

　　大自然里生活着的动物和植物死了以后，尸体或残骸就成了自然界的垃圾，日复一日，尸体越积越多，长此以往，森林里不就……不就……天啊！想也不敢想。

　　别着急，其实你担心的事情根本不会发生，因为有很多很多的真菌，它们可是优秀的废物处理专家呢！它们会把整个地球清扫得干干净净。菇类是最高等的真菌。它们种类繁多，对人类的生活有很大贡献。然而，它们的一生却相当短暂。菇从孢子发芽到成熟直至死亡，前后不过短短几天时间。但就在这短短的生命周期里，却接连出现着奇妙的变化。

知识连连看

◎ 细菌来帮忙

　　除了真菌进行着大自然垃圾的处理工作之外，细菌也会来帮忙。细菌会布满朽木和枯叶，分解它们当养料。大多数细菌都是以这种方式生活的。

知识连连看

◎清道夫的工作内容

作为大自然的清道夫，真菌需要做好多好多工作。比如：

⭐ **让你惊奇的事实：**

真菌在微生物世界中可以称得上是个"巨人家族"，霉菌、酵母菌、蕈菌等，都是真菌大家族的成员。真菌的繁殖力极其惊人，几天一代。

❶ 分解枯叶。　❷ 分解松球果。　❸ 分解枯枝。

❹ 分解动植物的遗骸甚至排泄物。

动植物遗骸

肥胖的 马铃薯

马铃薯生长在地下，圆滚滚的身材，储藏着很多淀粉。它既能做菜又能当主食，但它并不是植物的果实。

马铃薯是块茎，是由地下茎逐渐膨大而形成的。如果将马铃薯暴露在阳光下，它会变成绿色，因为这时块茎中出现了叶绿素。块茎上面分布着许多凹陷的芽眼，呈螺旋状排列，芽眼上生出的小枝能向下长出不定根。在块茎顶部有一个顶芽。不管切成多少块，只要马铃薯表面有腋芽，就可以长出一株新苗。你也许会问，腋芽和顶芽有什么不一样的地方呢？其实二者差不多，只是顶芽会向上生长，而腋芽则会向侧面发展。

知识连连看

◎ 有趣的名字

马铃薯原产自南美洲，当地人给它起了一个有趣的名字——"爸爸"。16世纪，马铃薯经西班牙人传入欧洲，那时候被称为"地豆"。现在呢，马铃薯有了许多名字，比如土豆、洋山芋、山药蛋、薯仔等。

多贴点儿，美容！

◎ 吃出好心情

把新鲜的马铃薯汁液涂抹在脸上能增白、消除色斑；将熟马铃薯切片敷在脸上还能减少青春痘或皱纹。多吃马铃薯，还能摄取到足够多的营养元素，比如钙、磷、维生素B_6等，有助于缓解与平复焦躁不安的情绪。

★ 让你惊奇的事实：

马铃薯表皮发绿或发芽时，在芽附近的表皮会产生一种有毒的物质——龙葵素，吃了少量的龙葵素就会头晕、呕吐；吃得太多，会导致呼吸困难、心脏衰竭，甚至会有生命危险。

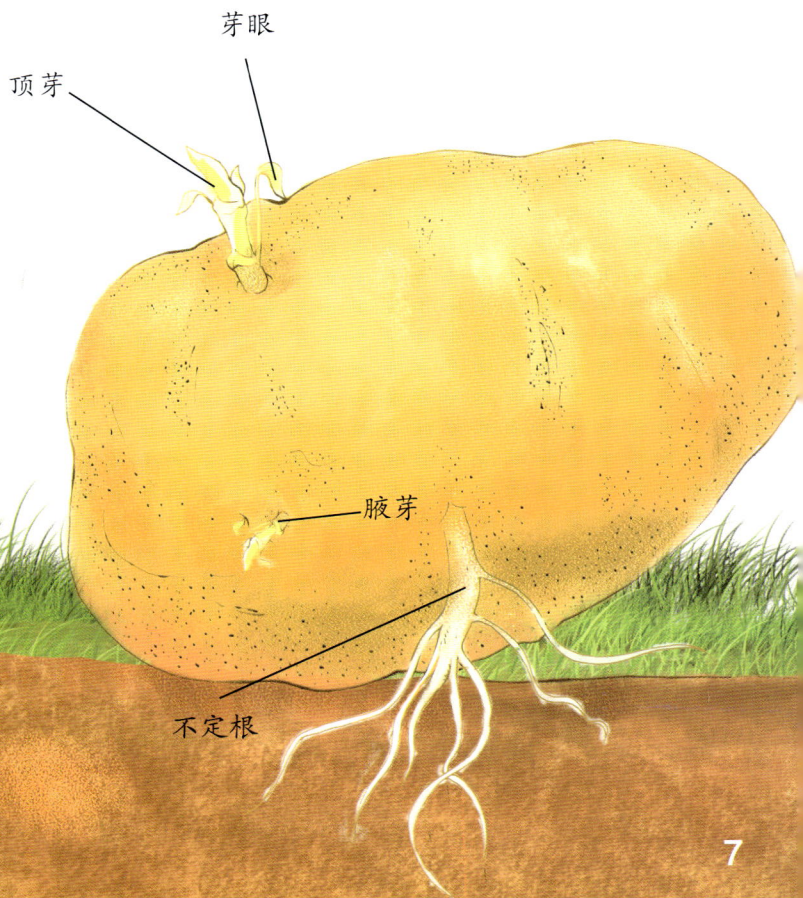

芽眼

顶芽

腋芽

不定根

高大的**竹子**

  竹子主要分布在热带、亚热带及暖温带地区，高高大大，种类繁多，是我国的国宝大熊猫非常喜欢的食物。

  竹子的幼芽叫竹笋，竹笋是由竹子地下的根状茎生长出来的。都长在地下，那怎样区别它是根状茎还是根呢？其实这很容易：根状茎上有退化的鳞状叶，还可以明显看出节和腋芽，节上有不定根，腋芽也可长出不定根；而根

只是像胡须一样。

竹子长得很快，大约每天能长30厘米。毛竹的竹笋长成幼竹只需一个半月左右，而且高度能达到十几米。它为什么能长这么快呢？因为它是草，不是树，所以与树的生长方式不同。树只靠茎的顶端生长，而竹子是茎的顶端和茎上的每个节间一起生长，这样一来生长速度之快就可想而知了。但竹子一旦长成就不再长高了。

知识连连看

◎ 空心竹

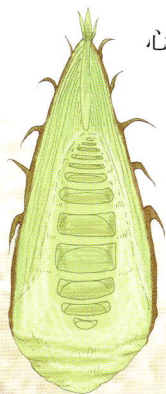

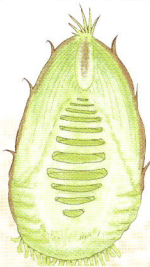

人们常说空心竹，竹子的中心是空的，只有节的地方是实心的。空心竹既可以减少自身对养分的消耗，又可以获得足够大的支持力，使高大的竹子直立而不会倒下，并且不容易折断或倾倒。如果你不相信，将一张纸卷成筒状，再用胶带把边缘粘好，立着放在桌上，然后在纸筒的上面压一本书，你会发现竖着放的纸筒能把书支撑住。你知道吗？竹子的茎最开始也是实心的，它是在长期进化中，为了更好地生存，才渐渐变成空心的。

竹子长高后，节和节之间的空腔变长了。

◎ 一生只开一次花

竹子的寿命很长，有的甚至能活六七十年。但是它一生只开一次花。竹子一旦开花结果，便很快死去。开花结果是它生命的高潮，也是它生命的终点。竹子开花有时是环境影响造成的，如果土壤中的养分不够，竹子生长过密或天气干旱，竹子就会开花，紧接着就会死亡。如果大片竹林的竹子开花，这将直接威胁到生活在那里的大熊猫的生命。

★ 让你惊奇的事实：

世界上最高的竹子是印度麻竹，生长在斯里兰卡和印度，它的高度超过30米。我国最大的毛竹高22米，靠近地面的竹围达71厘米。

藏在泥中的 藕

莲又称荷花，是生长在水中的植物。它的地下茎称莲藕，长在水下的淤泥旦。

莲藕中储藏着很多养分，折断后有丝相连；中间有一些管状的小孔，储藏的是空气。莲藕身上有很多节，花梗和叶梗就是从节处长出来的。

藕微甜，脆脆的，可做成美味的菜肴，有很高的营养价值呢！

藕丝不仅存在于藕内，在梗、莲蓬中都有，不过藕内的藕丝更纤细些。如果你采来一根莲梗，尽可能把它折成一段一段的，提起来就像一长串连接着的小绿"灯笼"，连接这些小绿"灯笼"的便是这些细丝。细丝看上去是一根，如果放在显微镜下观察，你会发现它其实是由3~8根更细的丝组成的，就像一条由无数棉纤维组成的棉纱一样。

⭐ 让你惊奇的事实：

人们通常买回藕以后，都会把藕节切除。其实，有很多须的藕节也是好东西，它可以止血。

莲花

莲蓬

莲藕

花梗

叶梗

◎ 大大小小的藕孔

把莲藕切开，我们会发现断面上有许多孔，这些孔是做什么的呢？其实，植物大小、形状、结构等都是在长期进化中因生存需要而不断演化形成的。植物的生长离不开阳光、水和空气，而藕生长在池塘底的淤泥里，泥里的空气很少。为了能够正常生长，莲就通过水面上的叶和叶梗上的气孔为地下的藕补充空气，如果莲叶被折断或者藕上的孔被堵住，过不了几天，莲就枯萎了。所以藕孔是空气的通道。

◎ 亭亭玉立的莲

莲，喜欢生活在水中。圆圆的叶子挺出水面，叶梗长长的，摸上去很扎手。粉色、红色或白色的花，它的花单生于花梗顶端，漂亮极了！

莲花的雄蕊很多；而雌蕊则埋藏于倒圆锥状的海绵质花托内，花托表面有好多小孔，就像蜂窝一样，雌蕊受精后会逐渐膨大，成为莲蓬。每一个小孔洞里会生出一个小坚果，那就是莲子。

叶

莲藕

长"胡须"的玉米

　　每个玉米的上端都长着一缕"胡须"。如果剥开玉米皮，你会发现这些"胡须"一直连在底端的玉米芯上。玉米为什么会长"胡须"呢？其实，"胡须"是玉米的花柱，是玉米雌花的一部分。

　　玉米是雌雄同株植物，但雌花和雄花却不长在一起，雄花长在茎的顶端，雌花长在茎间。雄花是复总状花序，有主轴和侧枝的分别；雄小穗成对地长在穗轴上，其中一个是有柄小穗，另一个是无柄小穗，每一小穗开两朵花。

　　雌花是穗状花序，雌小穗也成对地生长在穗轴上；每一小穗也开两朵花，一朵是不可孕花，另一朵是可孕花，整个授粉结实过程没不可孕花什么事。风把雄蕊的花粉吹下来，落到雌蕊上。可孕花完成授粉后，子房膨大形成我们常吃的玉米粒。可孕花的花柱可长到50厘米左右，用放大镜仔细观察，会发现它是扁平并带有许多丝状构造，这些丝状构造能使玉米增加授粉机会。

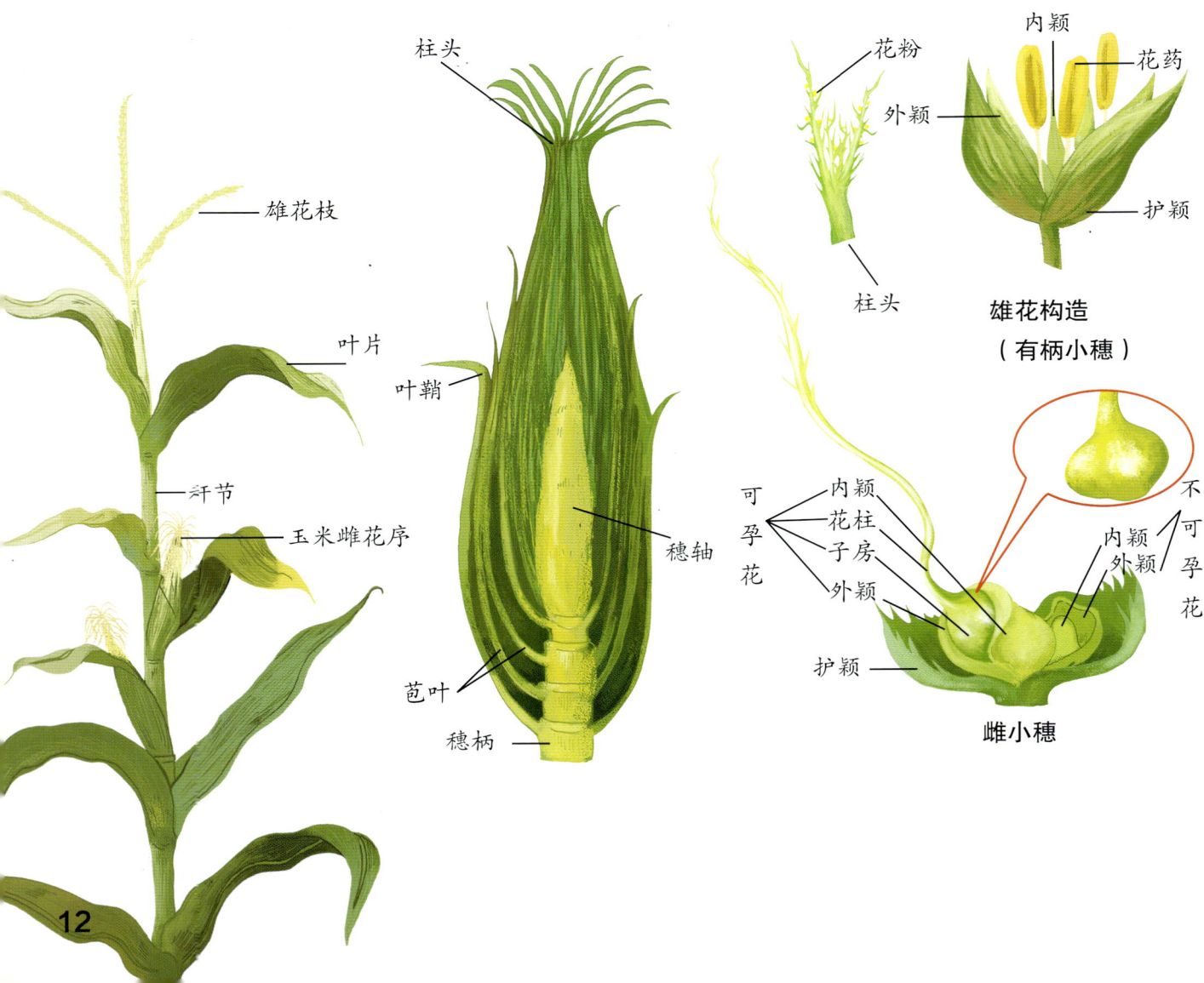

雄花枝

叶片

叶鞘

节

玉米雌花序

柱头

穗轴

苞叶

穗柄

花粉

外颖

柱头

内颖

花药

护颖

雄花构造
（有柄小穗）

可孕花

内颖
花柱
子房
外颖

护颖

内颖
外颖

不可孕花

雌小穗

● 风媒花

大自然里有很多花是借助风这个使者来传播花粉的。它们的花都小而轻，没有鲜艳的颜色，也没有能吸引昆虫的气味，更不具有蜜腺。花柱往往很长，花粉多、光滑又干燥，很容易让风带它们一程。风媒花植物除了玉米，还有松、杉、稻，等等。

● 可恨的病虫害

有一种玉米螟虫，它们专门钻到玉米的嫩叶上毫不客气地啃食着。这还不算完，当玉米的雄穗开花时，它就啃食雄穗；当雌穗开花时，它就啃食雌穗。

除了玉米螟虫外，还有大螟、玉米穗虫、玉米叶蚜、银纹夜蛾、黑道夜虫等危害着玉米的植株。它们真是可恶透顶！另外，还有些常见的病害如叶斑病、茎腐病、露菌病、黑穗病，等等。

★ 让你惊奇的事实：

拿到一穗香喷喷的玉米，先别忙着吃，数一数上面的玉米粒。你会发现，无论怎么数，结果都是偶数。

聪明的你一定想到原因了。玉米的雌小穗是成对地长在穗轴上的。所以掰开的玉米每一圈的粒数一定是偶数。

不同品种的玉米，它的列数。一般平均在12～18列，每一列的玉米粒有40～50粒。

神秘的、臭臭的 大王花

别以为大自然里姹紫嫣红的花儿全是香气扑鼻的，偏偏就有一些花会散发出浓烈的腐臭味儿，大王花就是其中之一。它吸引的可不是蜜蜂和蝴蝶，而是苍蝇和甲虫。

大王花生长在热带雨林里，没有茎，没有根，也没有叶子，巨大的花就是它整个身体的全部了。它和一般的花可不一样，不但发出的味道很熏人，样子还长得很吓人哪，好像要把你吃掉似的！它寄生在一种像葡萄一样的藤本植物上，依靠吸取藤本植物的营养而生存。

大王花有5片又大又厚的像花瓣一样的花被。

有学者认为凸起具有散热的功能，可以加强散发腐臭气味的能力。

臭味诱导喜好这种味道的小昆虫前来为其传播花粉。

花被

凸起

窗.

雄花

苞片保护花朵的内部组织。

花药

苞片

通常一朵雄花约有40枚花药，花药上有许多黄色带黏性的花粉。

知识连连看

◎ **漫长的过程，短暂的盛开**

大王花由形成芽，再到开花，大概需要9个月的时间。

它的种子寄生在野藤上，从寄主身上吸取生长所需的养分，大约一年半以后，就会形成花芽，往外冒出一个乒乓球大小的凸起。花芽突破寄主的表皮，形成深褐色的苞片。花苞慢慢长成像甘蓝菜般大小，慢慢地分裂出像花瓣一样的花被。花被渐渐向外展开，刚开的时候会有一丁点儿香味。别高兴得太早，数个小时后就可以看到花蕊了，花蕊散发出的气味简直奇臭无比。

◎ **灿烂的花结出腐烂的果实**

大王花的一生只开一次花，花期大约只有4天，然后颜色慢慢变黑，最后变成一堆黏糊糊的黑色物质。花凋谢后不久果实便成熟了，里头隐藏着许许多多细小的种子，当周围的小动物吃这些种子时，令一些种子落在它们身上。当它们穿梭在野藤植物间，种子便会落到野藤的根或枝干上，过上一段时间，又会开出一朵朵神奇的大王花！

小鳞片散布在隔膜内部。

⭐ **让你惊奇的事实：**

大王花称得上是世界第一大的花朵，最大的花朵直径可达1.4米，重量可达10千克。

小鳞片

凸起

雌花

子房

看不见的 花

　　有一种植物叫无花果，它真的没有花吗？当然不是。它有花，可是它会把自己的花隐藏在花托里，让我们看不到。

　　开花，是植物一生最美的时刻！几乎所有植物都用绿色的叶子衬托着美丽的花朵，将花朵抬得高高的，竞相展示。为什么无花果那么傻，偏要将自己的花朵隐藏起来呢？

　　无花果的花是隐头花序。隐头花序的花轴顶端膨大，中央部位下陷呈囊状。花着生在囊状体的内壁上，分为雌花和雄花，雄花在上，雌花在下。很多小小的花朵完全被花托包围起来，只有顶端有一个小孔与外界相通，供昆虫进出为其传播花粉。

无花果的花

无花果的果实就是它的花托。隐藏无花果花朵的花托完全发育成熟后，会变成味道非常鲜美的果实。我们吃无花果的时候，有时会吃到像沙子一样的颗粒，那就是它的种子。

花托

知识连连看

◎ 花序

植物的花生长或密集或稀疏，也是有一定规律的，这种有规律的排列方式称为花序。除了像无花果那样特殊的隐头花序，还有伞形花序，如桉树的花；头状花序，如菊花、向日葵；肉穗花序，如玉米的雌花；柔荑花序，如杨树、柳树的花。大自然里的花那么多，有很多生长规律等着你去发现呢。

◎ 相依为命的木瓜榕与榕小蜂

木瓜榕的花也是隐头花序，花轴顶端膨大呈圆形、椭圆形或梨形，花朵密密麻麻地着生在花序凹陷处的内壁。当花成熟开放时，顶部的通道就会自动打开，让榕小蜂自由进出，为它传粉。由于木瓜榕与众不同的花结构和习性，只有特殊的榕小蜂才能为它传粉。同样，榕小蜂一生的绝大多数时间都停留在木瓜榕的隐头花序之内，如果没有木瓜榕，它们就不能生存。木瓜榕就这样与榕小蜂相依为命。

★ 让你惊奇的事实：

无花果是果树中比较长寿的，有的甚至能活2000年呢！

又大又圆的 椰子

　　在热带地区，我们经常可以看到一株株高大、挺拔的椰子树立在阳光下。粗壮的叶子随风摇摆，发出沙沙的响声，散发迷人的风情，椰树上挂着一个个像灯笼一样的大椰子。仔细观察，你会发现，在成熟的椰子果实上有3个小孔，两个孔是被堵住的，第三个孔为发芽孔。成熟后的果实内部充满了海绵组织，椰树的根从发芽孔长出后，就不断地吸取海绵组织中的养分，并沿着内壳慢慢地伸长，碰到椰子外壳较软的部位，就会破壳而出。当椰树渐渐长高时，树干底下同时会长出很多的不定根来支撑，椰子树就能越长越高，越长越挺立。

　　椰子的果实可借助水力传播。因为椰果果皮疏松而富有纤维，能在水中漂浮；内果皮坚硬，可防止海水的侵蚀。所以椰子就能够利用水流的力量漂到很远的地方繁衍生息了。

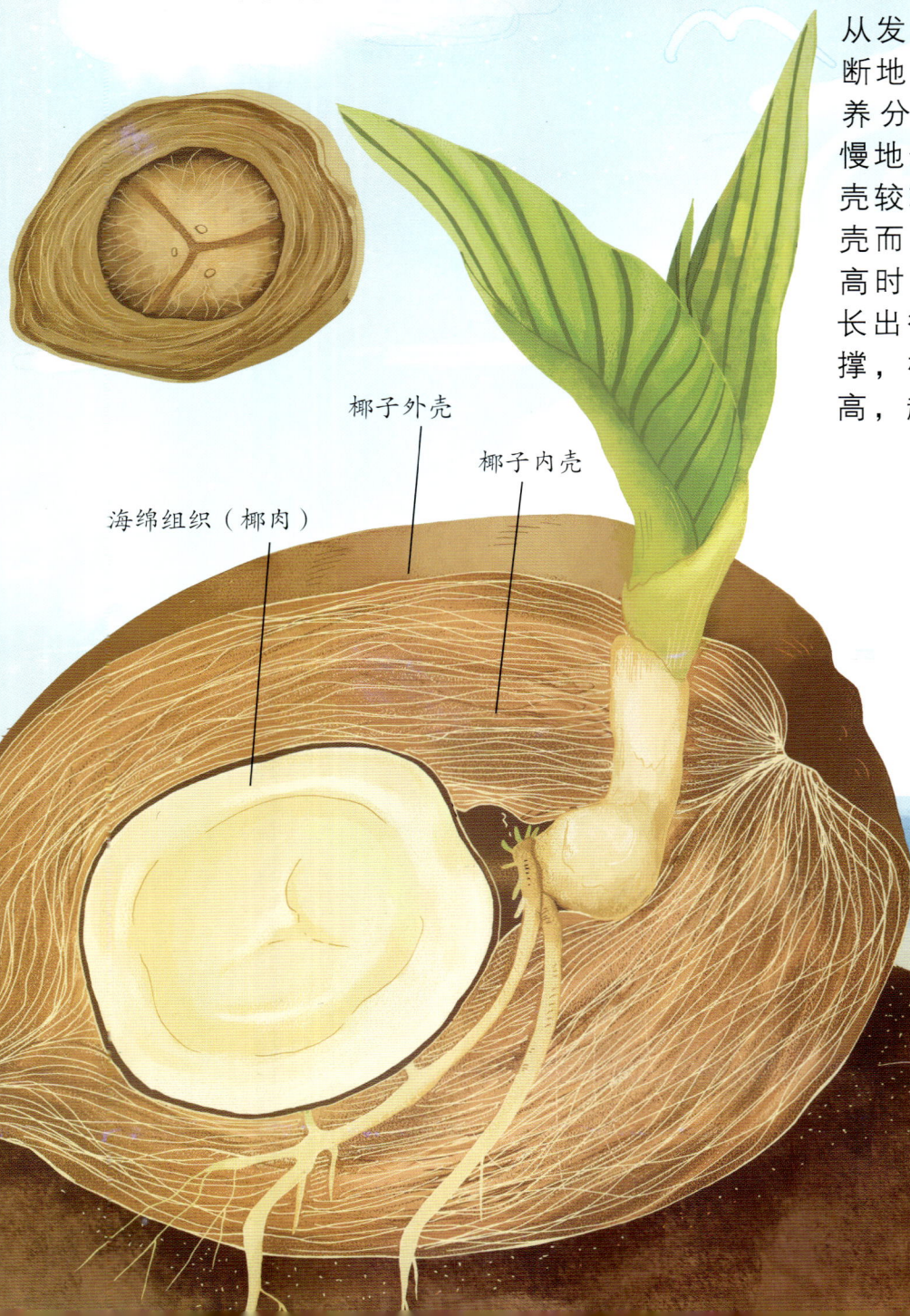

椰子外壳

椰子内壳

海绵组织（椰肉）

知识连连看

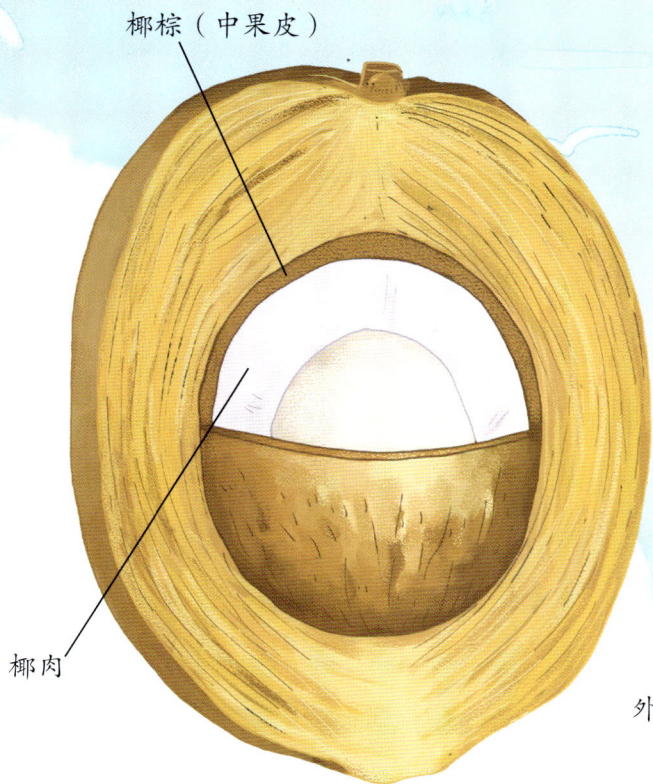

椰棕（中果皮）

椰肉

成熟的椰果

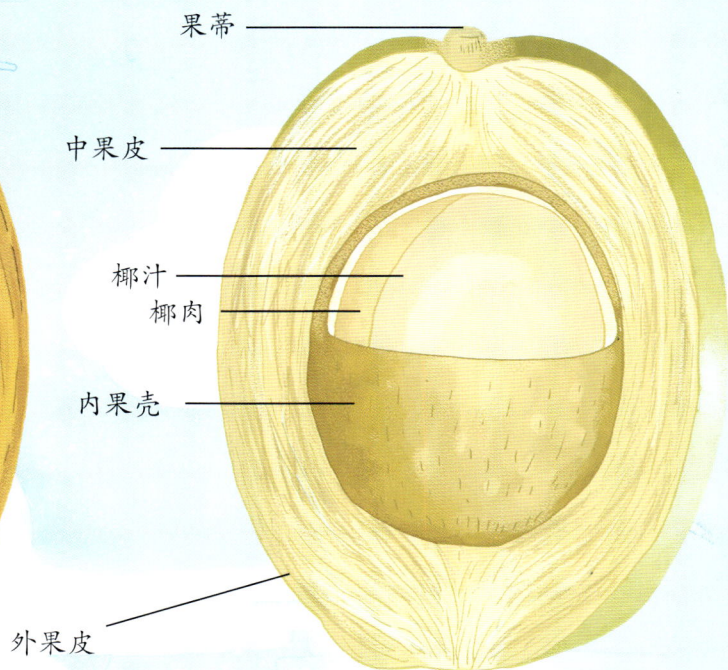

果蒂

中果皮

椰汁

椰肉

内果壳

外果皮

未成熟的椰果

◎ 会爬树的椰子蟹

椰子蟹喜欢生活在热带雨林的海边，是一种大型的夜行性蟹，具有与众不同的蓝紫色或棕色外壳，会爬树。两只大螯非常有力，它常用两只大螯敲开椰壳大吃大喝。

⭐ 让你惊奇的事实：

采椰可是一项高难度的活儿！在一些东南亚国家，人们特别训练一群猴子，让猴子来帮忙采收椰子。训练师通常会在吃饭前，让老练的猴子给小猴子做示范——爬上树梢，折断成熟的椰果，再往下轻抛。然后让小猴子模仿，凡是动作正确的小猴子就能饱餐一顿作为奖励。小猴子经过长期训练以后，个个行动迅速敏捷。它们是椰农的好帮手！

酸酸甜甜的 橘子

　　酸酸甜甜的橘子很好吃，为什么它是一瓣一瓣的呢？原来，橘子果实是由橘花的子房发育形成的，因为橘花的子房里有10~13瓣心皮，它们能将果囊区分开，所以果实成熟后剥开，里面是一瓣一瓣的。

　　花授粉后10~15天，花瓣和雄蕊逐渐脱落，子房开始膨大，子房内的胚珠发育成种子，子房壁形成果皮。当果皮开始变黄、变薄，果实内的汁囊饱满时，橘子就变成酸酸甜甜的好味道了。

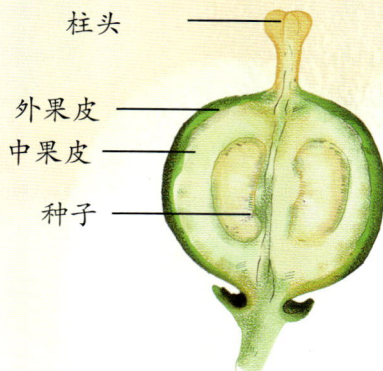

柱头

外果皮
中果皮

种子

⭐ 让你惊奇的事实：

　　食品专家证实，吃橘子好过单纯服维生素片。这是因为橘子中各种抗氧化剂的特殊组合比各种抗氧化剂"单打独斗"更好。抗氧化剂具有延缓衰老、预防各种疾病的功效。

知识连连看

◉ 营养多多

橘子含有丰富的维生素C和矿物质，一个橘子就几乎满足人体每天所需的维生素C量。它含有很多果汁，不但可以生津解渴，还能养颜美容呢！

油室里面含有橘皮油，具有特殊的香味及刺激性。

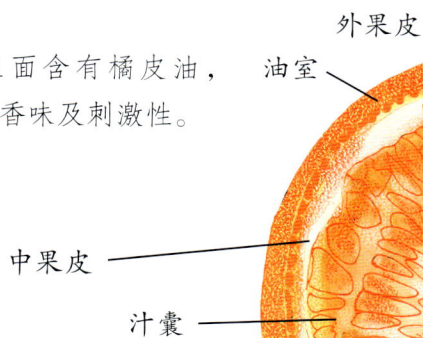

外果皮

油室

中果皮

汁囊

酸酸甜甜的味道来自汁囊里的果汁。每一瓣果囊内含有三四百粒汁囊，汁囊含有丰富的水分、糖和柠檬酸等成分。

蒂上的小点和果囊外的白色丝状纤维是维管束，通过维管束，水分和养分才能输送到果囊，使果囊长大；维管束负责输送养分，每一条维管束与一瓣果囊相连，一点儿也不偏心。

维管束

地上开花、土里结果的 花生

花生和大多数植物一样在地上开花，等到结果的时候，它却把果实埋进土里。这个癖好可真让人摸不着头脑。

花生的花单生或簇生于叶腋。单生在分枝顶端的花是不孕花，只开花，不结果。

另一种生于分枝下端的花，可以结果，是可孕花。当可孕花经过花粉受精后，子房基部开始伸长，形成顶端坚硬的子房柄。

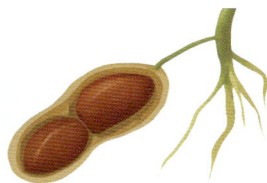

子房柄先向上长，几天后，再下垂于地面，将子房推入土中，并在土中结果。

⭐ **让你惊奇的事实：**

花生在潮湿的环境下，会生长使人、畜肝脏致癌的黄曲霉素。科学家发现，把花生放在太阳光下晒15分钟，就能破坏花生油中黄曲霉素的99%。所以，如果你喜欢吃花生，一定要让它经常晒晒太阳。

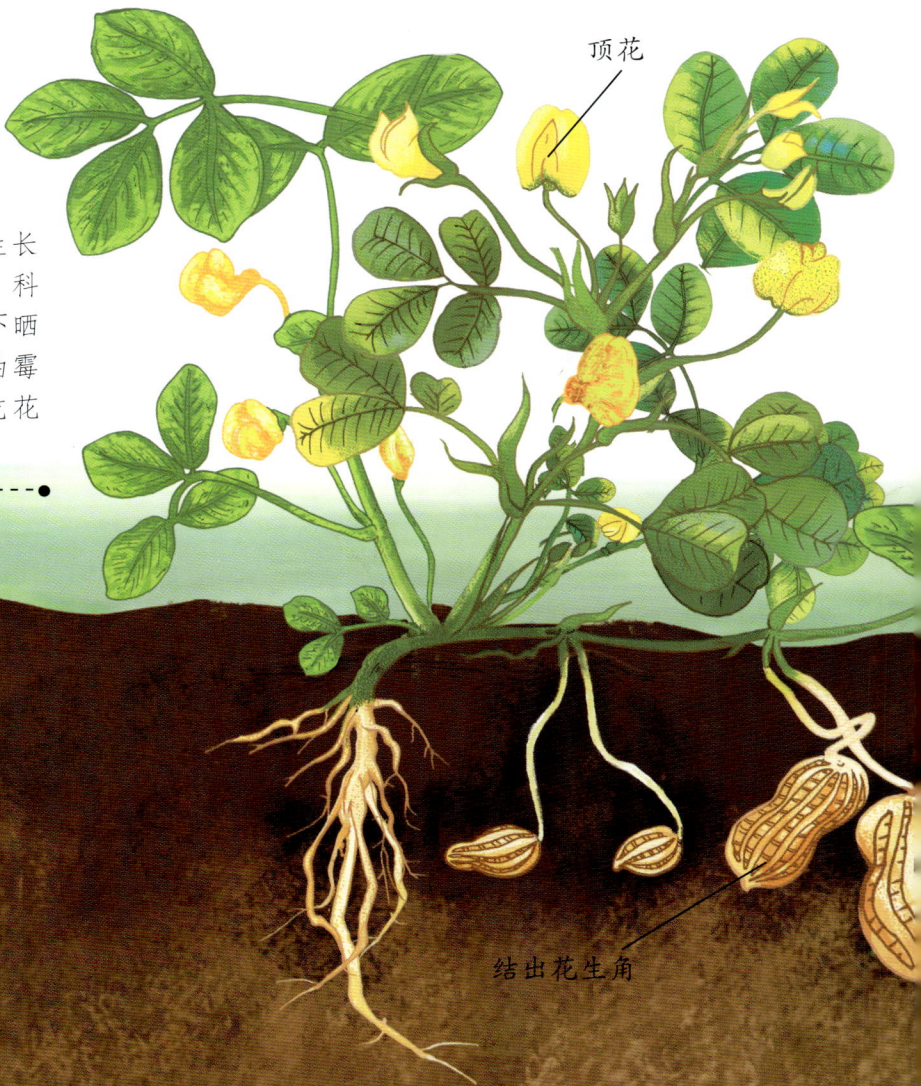

顶花

结出花生角

◎ 漫长的旅行

花生的老家在南美洲的巴西、秘鲁一带，后来被带到非洲的几内亚，以后又由葡萄牙人将它们带到亚洲、欧洲等地区。经过漫长的国际旅行，在15世纪末或16世纪初，花生才传到了中国。这枚小小的花生可真是不容易呀！

◎ 被冠以"植物肉"的美誉

花生的营养价值很高，含脂肪50%以上、蛋白质30%左右，被冠以"植物肉"的美誉，可谓"素中带荤"。花生可以榨成色泽淡黄、透明、清香宜人的花生油，在植物油中品质最佳。花生还能制成很多好吃的，如花生酱、花生糖、花生酥，等等。

花生的红色外衣还含止血素，有补血、促进凝血的作用，对于贫血的人和伤口愈合很有好处。

果穗

滴溜圆的 葡萄

　　葡萄是秋天成熟的水果，但栽培要在春天进行。栽培葡萄的方法有很多，常用的有扦插、种子栽培和嫁接等。

　　当葡萄枝条渐渐长高后，就要为它整理出一个舒服的"家"。这个"家"不能太过拥挤，在每一株之间都要留有适当的空间，还要有良好的灌溉和排水系统，然后再搭上供它攀爬的棚架。如果气候适宜，依靠棚架的支撑，葡萄生长的速度会很快，不到一年的时间可能就已经长得枝繁叶茂，准备开花了。葡萄的叶子宽大，形状像手掌；花朵是淡绿色的，一串一串地生长在一起，呈圆锥状，美极了！花开过后，会结出一粒粒的小果实来。为了收获又大又甜的葡萄，不能让它结太多的果实，所以花开时要先修剪花穗，当花穗太长时，也必须将顶端剪去一些；等果实渐渐长大，再把过于密集的果实进行疏剪。经过这样一连串的修剪，剩下的果实便能得到充足的养分，长得又大又好。

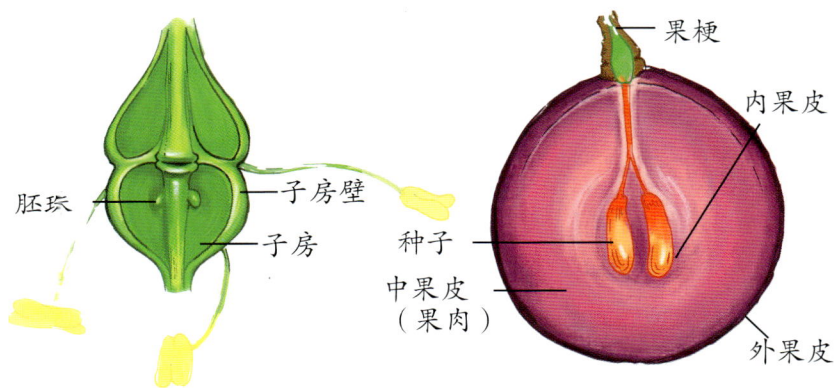

胚珠

子房壁

子房

果梗

种子

中果皮
（果肉）

内果皮

外果皮

　　葡萄的最外层是外果皮，也就是吃葡萄的时候要吐出来或剥下来的部分，具有保护果肉的作用；中间的果肉具有大量的汁液和养分，称为中果皮；最里面的当然就是种子了，每个种子外面包着一层内果皮。

葡萄是世界上产量相当多的一种水果，约占全部水果总产量的1/4。

叶子

知识连连看

◎ 一粒粒皱皱的葡萄干

每到葡萄成熟的季节，人们就会在葡萄园中铺上干净的纸张，把采收下来的葡萄放在纸上暴晒半个月左右。此时，葡萄中的水分会从78%降低到15%。这时把纸卷起来再晒一段时间，然后经过去除杂质、清洗、烘烤等加工环节，葡萄就变成香香甜甜的葡萄干了。

在日光下暴晒的葡萄干容易发酸。在我国气候炎热干燥的吐鲁番市，人们会用阴干的方法制作葡萄干。

◎ 用嫁接的方法繁殖葡萄

嫁接葡萄的方法有很多种，其中就包括了硬枝嫁接硬枝这种方法。一般在1、2月份进行硬枝嫁接硬枝，那时葡萄还未发芽，只需把剪下的硬枝条嫁接到承受嫁接的硬枝条上，裹上胶布，绑紧即可。这种嫁接方法的优点葡萄发芽早、生长快、生长量大。